CARACTÈRE
DES
ANIMAUX
PAR C.H.
Lith. de Vᵉ Aubert, rⁿ Croix des Pᵗⁱᵗ Chᵖˢ 27. Paris
B. Coudert

CONVERSATIONS AMICALES

SUR LE

CARACTÈRE DES ANIMAUX.

Ouvrages in-16

COMPOSANT LA

BIBLIOTHÈQUE DU PREMIER AGE

PUBLIÉS

CHEZ AMÉDÉE BEDELET, LIBRAIRE,

20, rue des Grands-Augustins.

LES PREMIÈRES LEÇONS.

LES TRIBULATIONS DE LA MÈRE GOODY.

LES AVENTURES DE DAME TROTTE.

NOUVEAU LIVRE DES PETITS GARÇONS.

CONTES DES FÉES.

JEUX DE LA POUPÉE.

JEUX ET EXERCICES DES PETITES FILLES.

PETIT MAGASIN DES ENFANTS.

CHOIX DE FABLES DE LA FONTAINE.

FREDAINES D'UN SINGE.

GULLIVER DES ENFANTS.

ROBINSON DES ENFANTS.

ANIMAUX INDUSTRIEUX.

FRIDOLIN, HISTORIETTE.

PETIT BAZAR EN IMAGES.

PROMENADES AU JARDIN DES PLANTES.

PARIS. — IMPRIMERIE SCHNEIDER, RUE D'ERFURTH, 1.

CONVERSATIONS AMICALES

SUR LE

CARACTÈRE DES ANIMAUX

HISTOIRE NATURELLE

ET

COMPARAISONS MORALES

Dédié aux Enfants qui commencent à lire,

PAR E. H.-M.

PARIS,

AMÉDÉE BÉDELET, ÉDITEUR,

20, RUE DES GRANDS-AUGUSTINS.

1850

PRÉFACE.

—

Nous allons faire un voyage qui nous conduira assez loin, puisqu'il nous faudra parcourir nos climats et nous embarquer ensuite pour les pays étrangers.... Mais ne vous effrayez pas, la voiture ou le navire seront tellement doux, que nous ne les sentirons pas; ils iront tellement vite, que nous serons revenus quand vous voudrez. Nous pouvons donc commander le déjeuner, nous serons arrivés assez à temps pour y faire honneur sans qu'il refroidisse. Les accidents seront évités, et vous n'aurez, j'espère, que du profit à retirer de notre excursion. Le mauvais temps n'étant pas à craindre, laissons de côté le parapluie, le manteau ciré et les bottes imperméables ; et si vous voulez ajouter quelque agrément à votre voyage , munissez-vous de gâteaux ; ils ne seront pas inutiles , car vous allez faire connaissance avec des amis et des ennemis ; vous pourrez en offrir aux premiers par reconnaissance pour leurs bons sentiments ; puis aux derniers pour essayer d'adoucir leur férocité naturelle ; mais, si ces messieurs n'en veulent pas, vous aurez le droit de les manger… (les gâteaux)en leur honneur. J'ose espérer que votre gracieuse gourmandise y mettra de la bonne volonté ; ce qui me fera d'autant plus de plaisir qu'elle ne vous empêchera pas de m'écouter. En un mot, je veux vous faire faire connaissance avec les animaux les plus dangereux comme avec les plus doux de tous les climats ; la connaissance sera bientôt faite si vous voulez bien accepter pour guide amical

L'Auteur.

CHATS.   CHIENS.

LE CHIEN.

Vous avez sans doute souvent désiré un petit ami qui vous aime pour vous-même, parta-
geant vos peines et vos plaisirs, joyeux quand
il vous voit, gémissant lors de votre absence,
toujours prévenant, empressé, et qui donne-
rait sa vie pour la vôtre; cet ami, vous ne l'a-
vez peut-être pas encore trouvé. Plus heureux
que vous, je vous l'offre. Ce modèle d'attache-
ment, c'est un chien; vous le connaissez déjà, j'en suis sûr; mais pas assez pour apprécier
toutes ses qualités. Il semble créé exprès pour
l'homme : il est intelligent, il comprend vos
signes et vos désirs, il accourt à votre appel,
il remue la queue en signe de fête, il aboie
pour vous complimenter, il saute, il se roule
à terre pour exprimer sa joie, il est tout à vous;

vous ne pourriez trouver un meilleur ami, ne cherchez pas plus loin , il est là; regardez comme il est gentil. Vous faut-il quelque chose de plus? il va vous l'apporter; il sait où sont vos pantoufles; il vous rapportera votre mouchoir, et pour cela que demande-t-il? un peu d'amitié; vous en avez tant à votre service, que ce n'est pas vous priver beaucoup que de lui en donner un peu, et si, par-dessus tout cela, vous ajoutez un morceau de sucre, il trouvera le tout bien doux.

LE CHAT.

Ce n'est pas vous qui avez fait cela... Non...
C'est le chat! avez-vous entendu dire quelquefois : savez-vous ce que cela signifie?... Cela
veut dire que l'on ne vous croit pas, que l'on
vous regarde comme un perfide, comme un
être rusé, qui cache son jeu, qui fait patte de
velours et y rentre ses griffes... Eh bien, le
chat est encore plus perfide que vous ne le serez jamais; il possède une patte (pardon de
l'expression) plus douce peut-être que la vôtre,
mais beaucoup plus traîtresse. Je vous en avertis, pour que vous évitiez ses atteintes, au
moment où vous jouerez avec lui, et pour que
vous ne vous amusiez pas à le taquiner, de peur
que vos provocantes patottes ne portent l'em-
preinte de sa réponse. Ce petit animal viendra

vous flatter avec un ronron tout caressant po[ur]
avoir une part de votre déjeuner ; quand
l'aura dévoré, il fera le monsieur, il fera
gros dos... et vous le tournera. A cela près
est assez bon enfant, quand on le laisse tra[n]
quille, et nous rend le service de nous déba[r]
rasser des rats et des souris, que vous trouv[ez]
peut-être bien plus gentils, mais qui, sous ce[tte]
apparence agréable, font beaucoup de tort a[ux]
greniers et aux grains qu'ils renferment, et
continuant leurs gentillesses finiraient peut-ê[tre]
par vous faire mourir de faim. Vous voy[ez]
qu'il ne faut pas toujours se fier aux apparenc[es]
et juger les gens sur la mine.

VACHE.

LA VACHE. — LE BOEUF.

Quel plaisir d'aller à la campagne, vous êtes vous dit quelquefois, et avec quel bonheur je prendrais une bonne tasse de lait; comme il est agréable d'y tremper une belle tranche de pain bien frais, de l'en retirer couverte d'une crème épaisse, blanche comme la neige; comme je mangerais avec délices une tartine de beurre; comme je déjeunerais avec plaisir d'un morceau de bon fromage tout crémeux ! Eh bien,... voici l'animal qui produit tous ces agréments... c'est la vache, c'est la ménagère des fermiers, la fortune vivante du laboureur; vous voyez combien elle est utile. La chair de l'animal de la même espèce et que l'on appelle le bœuf, sert principalement à la nourriture.

Elle est la base du pot-au-feu, ressource de

bien des ménages; elle donne aussi le bifteck aux pommes de terre, dont peut-être vous êtes amateur, mais qui est au nombre de ses petits mérites. Dans certains pays, on attelle le bœuf à la charrue, il féconde la terre qui produit les pâturages et sert à le nourrir. Pendant leur vie et même après leur mort, ces animaux nous rendent donc de grands services dont il faut être reconnaissant, sous peine d'être regardé comme ingrat, et de ne pas mériter les dons que le Créateur a répandus autour de nous.

ANE.

L'ANE.

Vous devez avoir entendu parler de petits
enfants qui ne veulent rien apprendre et que
l'on appelle des ânes. En voici ici le modèle,
et cependant l'âne (pardonnez-moi cette expression vulgaire) n'est pas si bête que l'on le
pense généralement. Il a ses petites finesses à
lui, pour choisir ce qui lui convient; il est dé-
licat sur le choix des aliments, et notamment
des chardons qui forment un des bons plats
de sa cuisine; il boit de l'eau, mais quand elle
est bien claire; il est très-sobre, patient, mais
excessivement entêté : aussi les coups sont-ils
souvent employés pour le faire changer d'opi-
nion. Voilà ce que c'est que de ne pas être rai-
sonnable !

A cela près, il rend de grands services : il

porte le blé au moulin, il traîne une petite
charrette, et sert, à Montmorency principalement, à l'amusement des enfants bien sages
que le papa régale d'une promenade à ânes.
Vous en avez vus aussi au bois de Boulogne, je
parle des animaux non raisonnables; ne con-
fondons pas, je vous prie, et tâchez que l'on
ne confonde jamais.

CHEVAL.

LE CHEVAL.

Parfois vous avez été au Champ-de-Mars, et vous avez vu les courses, vous avez dû remarquer l'élégance, la noblesse et la vivacité du cheval. Vous êtes sans doute revenu, pénétré d'une juste admiration. Puis, lors de ce retour, et au milieu de vos pensées, vos yeux ont été frappés par la vue d'un pauvre animal défait et boiteux, traînant péniblement une lourde et boueuse charrette, cherchant un reste de vigueur sous les coups inhumains d'un cruel charretier. Eh bien, cet animal si malheureux a été peut-être un de ces brillants et nobles coursiers que vous venez d'admirer. Telle est la destinée du cheval! elle n'est guère méritée, mais l'ingratitude habite souvent ici-bas. Je compte trop sur vos bons sentiments pour croire qu'ils en soient entachés ; mais, dans le cas où un injuste mouvement viendrait vous surprendre, veuillez bien le retenir, songez à ce pauvre animal qui nous rend tant de services, pour en être si mal ré-compensé ; trop heureux encore dans sa vieil-lesse de trouver au retour de son pénible tra-vail la ration suffisante pour l'empêcher de mourir de faim. En présence d'un si triste spectacle Dieu s'offense : évitez-le-lui, soyez juste, et il vous aimera.

CHÈVRES. MOUTONS. COCHON.

LE MOUTON.

Vous avez dû voir, à l'époque du jour de l'an, de jolies boîtes remplies de charmants petits animaux couverts d'une toison blanche, et que l'on place au milieu d'arbres toujours verts et de petites maisonnettes à toit rouge : ces petits animaux sont des moutons. Ils sont bien doux ; aussi dit-on : Doux comme un mouton. Vous devez les aimer, car on aime les gens du même caractère que soi. Ils sont aussi fort utiles : sans cette laine qui s'augmente en hiver et les quitte en été, vous n'auriez pas d'aussi chauds vêtements. Leur chair excellente nous nourrit, elle nourrit aussi le loup qui est leur plus grand ennemi. Si vous lisez les *Fables de la Fontaine*, je vous recommande le Loup et l'Agneau, qui est une des plus jolies, et qui met en évidence leur caractère particulier.

LA CHÈVRE.

Avez-vous mangé du fromage du Mont-d'Or? Il est fait avec du lait de chèvre, on le dit très-bon, cela dépend des goûts; mais, quoi qu'il en soit, voici encore un animal utile. Avec son poil on fait des étoffes; avec sa peau on confectionne des chaussures. Cet animal aime la solitude, les roches escarpées et les pays pittoresques. Ne la tourmentez pas trop, car elle a deux cornes pour se défendre, et en use toujours contre les méchants.

LE PORC.

Ne sentez-vous pas au loin une certaine odeur de cuisine assez agréable? c'est, je crois, un boudin qui grille en compagnie d'une saucisse... En êtes-vous amateur?... Il me semble que vous ne répondez pas à ma question? Je comprends pourquoi... C'est que vous préférez le jambon, ou les rillettes, ou le fromage d'Italie... Vous ne répondez pas davantage; allons, vous aimez mieux les oreilles ou les pieds farcis.

Eh bien, tous ces mets différents sont produits par le même animal, par le porc; en lui tout sert, comme vous voyez, depuis les pieds jusqu'à la tête. Il n'est pas difficile à nourrir; mais aussi il jouit d'une malpropreté qui passe en proverbe; c'est pour cela que l'on dit : Sale comme... comme... vous ne le serez jamais.

LE COQ. — LA POULE.

Je suis sûr que vous aimez les œufs frais ; vous ne les aimeriez pas que vous passeriez pour avoir tort, et je pense que vous ne voulez pas avoir tort, d'autant plus que vous aimez les bonnes choses : donc vous aimez les œufs frais. C'est un aliment très-sain et très-léger, surtout quand il n'est pas trop cuit ; quand il l'est trop, par exemple, comme les œufs rouges, qui sont des œufs durs dans toute l'acception du mot, alors il devient lourd et perd de l'excellence de son goût.

C'est la poule qui produit cet aliment aussi sain qu'utile. Quand on ne lui dérobe pas ses œufs pour vous les donner, petits gourmands que vous êtes, elle les couve, et alors, au bout d'un certain temps, les œufs éclosent et don-

PIGEON.   COQ.   POULE.

nent naissance aux petits poulets... Le poulet n'est pas désagréable à manger, comme vous savez. Pour en avoir, il ne faut donc pas manger tous les œufs, et pour avoir des œufs, il ne faut pas non plus croquer tous les petits poulets, car petit poulet ou petite poulette deviendront grands, pourvu que Dieu leur prête vie, et à leur tour auront des œufs.

Le coq se promène dans la basse-cour avec autant de fierté que de vigilance, surveillant si tout s'y passe en bon ordre ; aussi l'on dit : Fier et vigilant comme un coq. Au point du jour, il salue l'arrivée de la lumière par un cri aigre et discordant qui avertit les petits paresseux de se lever bientôt. Mais je suis sûr que vous ne l'entendez pas souvent, parce que vous n'êtes pas à la campagne, et que même, à la campagne, vous dormez trop bien pour cela. Vous vous fiez sur votre mère, et vous avez raison, car elle est toujours éveillée avant vous, et s'inquiète, comme la poule, de ses bons petits poulets.

L'OIE.

En parlant de quelqu'un qui n'a pas d'esprit, on dit communément : Il est… comme une oie.

Et, à ce propos, je vous prie de ne pas me regarder comme vous faites.

Je ne veux pas parler de… de vous, ni de moi, je vous demande bien pardon ; mais la politesse exige que je parle de moi en dernier. Quoique je me serve d'une plume tirée de cet animal, et qu'elle ne fasse peut-être pas oublier son origine, mettez-y un peu d'obligeance et ne soyez pas trop sévère. Cependant l'oie n'est pas si sotte que l'on pense généralement. On en a vu quelques-unes assez intelligentes pour tourner la broche… ce qui n'était cependant pas trop agréable, surtout si elles faisaient tourner ainsi leurs compagnes ; certains auteurs prétendent

DINDON.   OIES.   CANARD.

en avoir vu quelques-unes se livrer à cet exercice ingénieux ; quant à moi, qui n'ai pas joui de ce curieux spectacle, je vous en avertis pour que vous ne me croyiez pas l'inventeur de cette histoire... d'oie, ou de ce petit jeu d'oie. J'en ai bien fait quelques-uns pour l'amusement de la jeunesse ; mais ils ne sont pas ici, ils sont chez les marchands de jouets d'enfants ; je vous en offrirais bien, mais de peur de vous déplaire, je reviens à notre animal, il n'est utile que par la bonté de sa graisse et par les plumes qui servent à écrire ; défiez-vous de sa chair lourde et indigeste.

LE DINDON.

Le dindon a peut-être moins d'esprit que l'oie, car il est très-fier, et les gens sans esprit qui sont très-fiers sont moins estimables : c'est peut-être pour cela qu'étant moins fatigué par les travaux de l'esprit, sa chair est meilleure et plus estimée. Assurément un dindon rôti vaut mieux que l'oie et même que...

LE CANARD

Qui barbote dans la basse-cour, où il y fait sa toilette et apaise sa soif, qui est très-fréquente. Aussi dit-on : Il boit comme un canard. Il a un cri constamment répété : kan, kan, et il en fait beaucoup dans une journée; mais, comme c'est toujours la même chose, et que je ne veux pas vous entretenir longtemps sur le même chapitre, je vais passer à un autre.

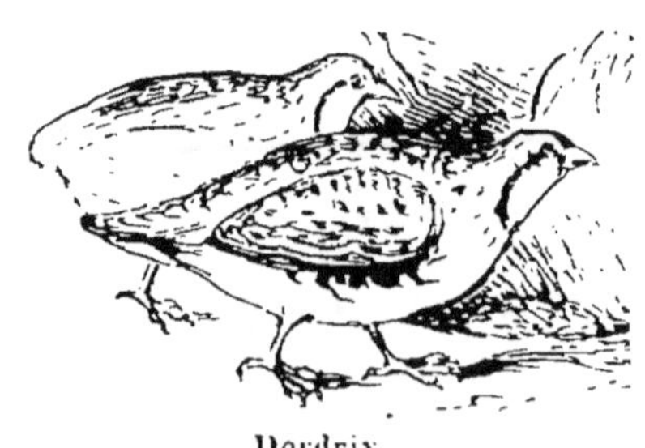

Perdrix.

MÉSANGE.   SERIN.   LINOT.
CHARDONNERET. BOUVREUIL.

LA MÉSANGE

Est un petit oiseau très-vif et très-agissant, se suspendant et s'accrochant partout, se nourrissant d'insectes et de vers, très-cruel parfois, malgré sa gentillesse, et combattant avec fureur avec ses compagnons d'esclavage. Il serait bien plus gentil si sa cruauté n'était pas si grande : aussi vaut-il moins que…

LE SERIN

Dont le chant se réunit au plumage pour en faire un des plus jolis oiseaux. Le plus beau vient des Canaries. Il s'attache facilement à son maître, pourvu qu'il soit bien traité (n'oublions pas ce principe) ; alors il lui fait fête, et le caresse en battant des ailes et en chantant.

LE LINOT.

Oiseau très-commun et pourvu de beaucoup de qualités; ses couleurs sont agréables, son naturel docile; mis en esclavage, ses couleurs s'effacent. Privez-vous donc de vos plaisirs plutôt que de le priver de sa liberté; vous y perdriez, comme vous voyez. Tête de linotte, dit-on souvent, pour dire tête d'étourdi. Ne la tournez donc pas comme cela à droite et à gauche; je sais que vous voulez dire non, et que vous ne lui ressemblez pas; mais si vous continuez ainsi, vous finirez par lui ressembler.

LE CHARDONNERET.

Ainsi nommé parce qu'il vole sur des chardons et se nourrit en partie de leurs graines; son plumage est diversifié. Le plumage de sa tête est rouge ; cet oiseau peut se garder en cage, mais il faut qu'il ait été pris très-jeune. N'en achetez donc que de tout petits.

LE BOUVREUIL

A un beau plumage et une belle voix, mais il faut qu'elle ait été travaillée. Avec de bonnes leçons, on en fait quelque chose ; ce qui m'engage à vous conseiller de suivre attentivement celle que l'on vous donne, si vous voulez devenir savant et satisfaire vos bons parents : ce sera un avantage pour vous, et le moyen d'être reconnaissant du mal qu'ils se donnent pour votre éducation.

LE PAON.

Vous seriez peut-être bien surpris si un jour votre bonne maman venait vous annoncer qu'elle a trouvé un éventail plus beau que tous ceux que vous avez vus jusqu'à présent, et que cet éventail est vivant; qu'il se promène fièrement, semblant demander à tous des éloges et des compliments pour sa richesse et pour l'ouvrier qui a produit un si bel ouvrage.

Eh bien, cette merveille existe : c'est le paon, dont la queue mobile, peinte des plus riches teintes, semble réunir le coloris et la fraîcheur des plus belles fleurs. Semblable à elles, ce beau plumage se renouvelle à chaque printemps. Chaque mouvement de cet oiseau singulier produit une infinité de nuances nouvelles. Honneur à cette merveille! Remercions l'ouvrier, remercions le Créateur. Ne nous étonnons donc pas que le geai se soit paré du plumes du paon, ainsi que l'a si bien décrit le

FAISAN.   PAON.

bon la Fontaine dans une de ses fables. Ce plumage rend orgueilleux celui qui le porte; aussi dit-on : Fier comme un paon. Son cri est aigre et discordant, discordant surtout avec un plumage aussi riche. Sa chair, dure et sèche, a été abandonnée avec juste raison, puisqu'elle est mauvaise; preuve évidente que beauté et bonté ne sont pas toujours réunies; que la beauté passe, mais que l'aménité du cœur vit autant que la personne.

LE FAISAN.

Voici un oiseau moins riche, mais meilleur : c'est le faisan. La variété et l'éclat de son plumage le font admirer. Trois couleurs principales y dominent : le brun, le doré et le vert; le dessus de sa tête est d'un cendré luisant.

La chair de cet oiseau est estimée; très-agréable et nourrissante lorsqu'elle est attendrie; on est obligé de la garder plusieurs jours lorsqu'elle est tuée. Quoique très-bonne, n'en faites pas d'excès; les excès en tout sont un défaut.

LE CERF.

Le cerf, animal innocent et tranquille, aime
la solitude des forêts. Et, à propos de forêt,
j'ai peut-être l'honneur de vous apprendre
qu'il y a un animal qui a un bois sur la tête…
Je vous vois rire, mais c'est un véritable bois,
je vous l'assure; seulement, pour ne pas
vous paraître exagéré, je vous préviens qu'il
ne s'agit pas d'un bois entier, d'une forêt com-
plète, mais d'un fragment de bois, échan-
tillon singulier que la nature a posé sur la
tête de l'animal, et qui pousse tous les ans,
absolument comme les rejetons des arbres.
L'animal qui le possède… c'est le cerf; son
naturel timide, le mettant à la merci des au-
tres animaux, la nature lui a donné cette dé-
fense, elle y a ajouté des jambes minces et flexi-

CERF.   BICHE.

bles, un pied nerveux, un œil excellent, un odorat fin et une oreille délicate. Au moindre bruit, il bondit, il s'élance et franchit des taillis de plus de six pieds de hauteur. Aussi, dit-on léger comme un cerf; il vit très-longuement.

LA BICHE.

La biche est la femelle du cerf, et n'a point de bois. Son petit s'appelle faon, prononcez (fan, l'o ne se prononce pas). La croissance du faon est prompte, et quand il est devenu grand elle lui apprend à courir; s'il ne lui obéit pas, elle lui donne des coups de pied. Vous voyez qu'on est souvent obligé d'employer la rigueur pour l'intérêt des enfants; soyez donc reconnaissant envers vos parents, qui, se donnant autant de mal dans votre intérêt, emploient la douceur plutôt que la violence.

LE LAPIN.

Vous avez vu quelquefois un petit animal à longues oreilles, battant de ses pattes un tambour de basque qu'on lui présente. Ce petit animal, c'est le lapin, il est très-timide; en liberté il se creuse un terrier ou appartement souterrain pour se mettre lui et sa famille à l'abri des dangers. Il fait sa nourriture d'herbes, de racines, de grains, etc. Il vit huit à neuf ans. Une des plus jolies fables de Florian, *le Lapin et la Sarcelle*, fait parfaitement connaître les mœurs douces du lapin. Sa chair est blanche et ferme, et imite celle du chat; aussi plusieurs restaurateurs de barrière ontils été soupçonnés de faire un échange sans consulter le goût de leurs pratiques, et de leur servir une gibelotte de chat au lieu de gibe-

LAPINS.   LIÈVRE.

lotte de lapin. La peau du lapin est employée par les chapeliers.

LE LIÈVRE

A presque la forme du lapin ; timide comme lui, il ne doit son salut qu'à son caractère inquiet et défiant, à la finesse de l'ouïe et à la rapidité de sa course. Ses jambes de devant, plus courtes que celles de derrière, lui donnent la facilité de monter lestement. Lorsqu'on le chasse, et pour échapper aux chiens, il se couche ventre à terre. Son corps exhale une certaine odeur qui le trahit, même à une distance assez éloignée, on finit par s'en emparer et on le donne souvent en régal aux enfants bien sages.

LE LOUP.

Promenons-nous dans le bois pendant que le loup n'y est pas... Il y a une chanson de demoiselles que l'on commence par ces mots, et que l'on continue en disant : Loup, y es-tu? Je ne sais si le loup a la naïveté de répondre, ce qui serait très-honnête, assurément, mais aussi très-maladroit de sa part, parce qu'il se priverait du plaisir de croquer une de ces demoiselles, qui sont gentilles à croquer. Si, par hasard, un véritable loup se présentait aussi à la société, on ferait bien de ne pas attendre sa réponse, attendu qu'il aurait probablement toujours la même intention, celle de croquer, et qu'il ne faut pas la favoriser. Au reste il ne fréquente pas les pensionnats; il aime mieux les forêts. Il est très-poltron; mais les aimables demoiselles ne lui feraient pas peur, au contraire; il vaut

LOUP.   RENARD.

donc mieux éviter ses approches. Il vit en troupe, est très-friand de moutons, comme on peut le voir dans la fable du *Loup et l'Agneau,* que j'ai déjà eu l'honneur de vous recommander. Les dents et la peau du loup sont les seuls profits qu'on ait jusqu'à présent tirés de sa dépouille.

LE RENARD.

Ils sont trop verts et bons pour des goujats, dit le renard dans la fable du *Renard et des Raisins,* ce qui prouve qu'il aime ces sortes de fruits et qu'il est très-rusé. Effectivement, il est très-adroit pour se glisser dans les poulaillers, où il fait un grand ravage. Il aime aussi le gibier, les cailles, les perdrix, le miel, le fromage. Lisez, je vous prie, la fable du *Renard et du Corbeau :* vous y comprendrez le caractère particulier du renard, et pour morale vous apprendrez que tout flatteur vit aux dépens de celui qui l'écoute ; et que la défiance est mère de sûreté.

L'ÉLÉPHANT.

Cet animal, qui est le plus gros des quadrupèdes, est plus intelligent que sa lourde apparence ne le ferait croire. Je vous ai déjà prévenu que, même en fait d'animaux, il ne fallait pas juger les gens sur la mine. Cet énorme quadrupède réunit l'intelligence du chien à la dextérité du singe et à la sociabilité du castor. Sa trompe lui sert de main pour saisir. Il obéit à la volonté de son maître; il sait reconnaître les services, comme il sait se venger des mauvais traitements. De sa nature, il est très-doux; mais, lorsqu'on l'irrite, sa force vient au secours de sa colère : il arrache les arbres, fait voler au loin des débris de rocher. En Asie, il sert à la pompe et à l'ornement. Il porte sur son dos les belles dames du pays. Un conduc-

ÉLÉPHANT.

teur, ou cornac, armé d'un fer crochu, le con-
duit. A Siam on l'adore comme un dieu. Vous
pouvez en voir au Jardin des Plantes, un jour
de beau temps, ou à Franconi, le soir, si ce
plaisir vous convient mieux, choix que vous
laisseront vos parents si vous continuez à être
bien sage et à bien étudier.

LA GIRAFE

Est un animal fort beau et fort doux ; il a
seize pieds de hauteur, le dos de l'animal paraît être incliné comme un toit, tout le corps
est marqué de grandes taches fauves, la tête
est armée au-dessus du front de deux cornes ;
il mange de l'herbe ; lorsqu'il marche, il semble qu'il boite, il avance les jambes du même
côté, celles de droite, et ensuite celles de gauche, alternativement. Lorsqu'il veut paître ou
boire à terre, il faut qu'il écarte prodigieuse-
ment les jambes de devant ; aussi paraît-il plutôt
fait pour manger les feuilles des arbres que les
herbes de la terre. Sa haute taille le rend inu-
tile à l'homme, ce qui prouve que cet avantage,
quand il est unique, ne sert pas toujours, et
que les plus grands ne sont pas toujours les
plus utiles.

GIRAFE.

LE SINGE.

Les singes, en général, sont les ébauches de l'homme, aussi dans certains pays les appelle-t-on hommes sauvages. Cet animal, de sa nature, fait mille gestes risibles, ou grimaces, que l'on nomme des singeries. Aussi, dit-on d'un homme grimacier qu'il ressemble à un singe. Ils peuvent rendre des services. On en a habitué à faire l'office de domestique. On dit communément : malin comme un singe; à ce sujet veuillez vous rappeler la fable de *Bertrand et Raton* : Bertrand, le singe, fait tirer du feu à ce pauvre chat, le complaisant Raton, en lui faisant brûler ses pattes, certains marrons brûlants que lui Bertrand croque à sa barbe sans danger et sans partage; vous voyez que l'esprit sert à quelque chose, vous en avez beaucoup plus qu'il ne faut pour me comprendre, et vous continuerez, j'espère, à l'entretenir par la lecture des bons livres et par un travail soutenu.

L'OURS.

Allons, Martin ! à l'arbre ! Voici un gâteau !... Et, effectivement, on voit un gâteau, attaché à une ficelle, jeté adroitement sur un arbre dépourvu de feuilles, tenter par ses évolutions ascendantes et descendantes un gros animal couvert d'un poil noir et épais. Si vous voulez jeter un coup d'œil sur notre gravure, vous y verrez le susdit Martin dans l'exercice de ses fonctions ; à cette différence, seulement, qu'il n'y a pas de gâteau, pour vous montrer que le brave Martin a été souvent trompé de cette manière. Aussi, quand il en voit un et qu'il peut le croquer en saisissant de sa grosse patte la ficelle, sans se donner la peine de monter le chercher, il le fait sans miséricorde et aux applaudissements de la société.

L'ours est non-seulement sauvage, mais solitaire ; il ne se plaît que dans les retraites les

OURS.

plus profondes, à cet effet on l'a mis au Jardin des Plantes dans un trou, peut-être pour lui plaire, mais en même temps pour plus de sûreté. Lorsqu'il saisit sa proie vivante, il tâche de l'étouffer dans ses grosses pattes.

Lors de sa naissance, sa mère le lèche pour lui donner plus de lustre; aussi dit-on d'un homme grossier, c'est un ours, et un ours mal léché! Malgré son apparence, il est plus léger qu'on ne pense. Pris jeune, il est susceptible de recevoir une certaine éducation; il gesticule et danse au son de la musique. Or, si l'éducation fait beaucoup pour les êtres dénués d'intelligence, imaginez-vous tout ce qu'elle doit produire sur ceux que la nature a favorisés.

LE LION.

Le lion, par sa majesté, sa fierté, sa force
et son agilité, mérite la qualité qu'on lui donne
de *roi des animaux*.

Sa tête est pourvue d'une espèce de crinière,
son front est carré et comme sillonné de longues rides.

Il est courageux et ne paraît jamais effrayé
du nombre de ses ennemis; quand la colère
s'empare de lui, il rugit d'une manière ef-
froyable; son rugissement est si fort qu'il ressemble au bruit du tonnerre.

Il voit, la nuit, comme les chats; sa marche
est toujours oblique, sa course ne se fait pas
par des mouvements égaux, mais par bonds.

Tous les animaux fuient en présence du
lion; quoiqu'il soit très-carnassier et très-vi-

LIONS.

goureux, et qu'il fasse sa nourriture des animaux qu'il a pris, il n'est pas cruel, il ne le
devient que par nécessité ou par vengeance.
S'il ne pardonne pas une offense, on sait qu'il
est sensible aux bienfaits dont il ne perd pas
le souvenir. Au reste, force et générosité se
trouvent en général réunis dans les grands
cœurs. Grand exemple donné par un animal
sauvage et que doivent chercher à imiter ceux
que l'on appelle raisonnables.

LE TIGRE.

Si vous vous rappelez le caractère du chat, le tigre, qui en a la mine et l'apparence, en a aussi les instincts destructeurs, mais poussés beaucoup plus loin en raison de sa taille et de sa force. Cet animal redoutable habite les contrées sauvages de l'Asie et de l'Amérique. La force, l'agilité, la légèreté, la souplesse, secondent son naturel féroce et carnassier. Il n'épargne pas même sa femelle lorsqu'elle veut soustraire ses petits à son appétit sanguinaire. C'est l'image vivante de la férocité; il a une face mobile, une gueule ensanglantée, une langue pendante, une voix rugissante, un grincement de dents continuels.

Dépourvu de la générosité du lion, le tigre

# PANTHÈRE.   TIGRE ROYAL.

est l'animal le plus féroce de la création. Aussi dit-on des êtres cruels : Féroce comme un tigre.

LA PANTHÈRE

Habite les climats brûlants de l'Afrique et de l'Asie. Son œil inquiet et farouche indique la férocité de son caractère. Ses cris imitent la voix d'un dogue furieux. La panthère est agile, ses mouvements sont brusques. Elle grimpe facilement aux arbres. Ses dents fortes et aigues et ses ongles tranchants sont les armes offensives dont elle se sert pour dévorer cruellement sa proie.

Sa belle fourrure est très-estimée, ainsi que celle du tigre; ce qui prouve que des méchants on n'en aime que la peau, quand toutefois elle peut servir, et que si la méchanceté s'emparait de vous, je ne sais pas trop ce que l'on ferait de votre personne, votre enveloppe n'étant par nature nullement utile, si ce n'est à vous...

Mais comme vous êtes au nombre des animaux très-raisonnables, espérons que vous ne serez jamais méchant pour personne, pas même pour l'auteur qui vient de vous dire cette grosse sottise... d'amitié; car, en badinant ainsi, il a tâché de vous amuser un peu au milieu de ces petites esquisses scientifiques, et s'il n'a pas réussi, il espère avoir atteint un autre but, celui de vous faire comprendre qu'il est de votre intérêt de rester tel que vous êtes, c'est-à-dire, docile pour vos maîtres, bon pour vos parents et aimable pour tous, sentiments que tout le monde chérit et qui sont rappelés dans le cours de cette petite histoire naturelle.

Léopard.

TABLE.

Paris. — Imprimerie Schneider, rue d'Erfurth, 1.